环保卷

变色的河流

丛书主编◎郭曰方
执行主编◎于向昀

马晓惠◇著

山西出版传媒集团
山西教育出版社

图书在版编目（CIP）数据

变色的河流 / 马晓惠著. — 太原 ：山西教育出版社，2020.1

（“绿宝瓶”科普系列 / 郭曰方主编. 环保卷）

ISBN 978-7-5703-0572-8

Ⅰ. ①变… Ⅱ. ①马… Ⅲ. ①环境保护—少儿读物 Ⅳ. ①X-49

中国版本图书馆CIP数据核字（2019）第187419号

变色的河流

BIANSE DE HELIU

责任编辑 彭琼梅
复　　审 姚吉祥
终　　审 冉红平
装帧设计 孟庆媛
印装监制 蔡　洁
出版发行 山西出版传媒集团·山西教育出版社
（太原市水西门街馒头巷7号　电话：0351-4729801　邮编：030002）
印　　装 山西万佳印业有限公司
开　　本 787 mm×1092 mm　1/16
印　　张 6
字　　数 134千字
版　　次 2020年1月第1版　2020年1月山西第1次印刷
印　　数 1-6 000册
书　　号 ISBN 978-7-5703-0572-8
定　　价 28.00元

目录

姓名 蠹鱼

昵称：小鱼儿

性别：请自己想象

年龄：加上吃过的古书的年龄，已超过 3 000 岁

性格：（自诩的）知书达理

爱好：吃书页，越古老越好

口头语：这个我知道！我会错吗？

姓名 阿龙

昵称：龙哥

性别：男

年龄：因患疑似遗忘症， 忘记了

性格：呆板、温和

爱好：旅游，欣赏自然，提问

口头语：可是这个问题还是没解决啊！

引言

从外太空看，地球是一颗蓝色水球，表面约有71%的面积被水所覆盖。

不过在这些水资源中，海水约占97%，淡水只占2.53%。总共不到3%的淡水资源中，77.2%存在于雪山冰川中，22.4%为土壤水分和地下水，仅有0.4%才是较易获得的地表水。

20世纪50年代以后，全球人口急剧增长，用水量增加了5倍之多；工业发展迅速，污染物排放之多前所未有。一方面是人类对水资源的需求以惊人的速度在扩大，另一方面则是日益严重的水污染蚕食着大量可供消费的水资源。

调查表明，全世界每天约有 200 吨垃圾倒进河流、湖泊和小溪，每升废水会污染 8 升淡水；所有流经亚洲城市的河流均有被污染的迹象；美国 40% 的河流流域被加工食品废料、金属、肥料和杀虫剂污染；欧洲 55 条河流中仅有 5 条水质差强人意。

全球水资源状况迅速恶化，许多国家正面临水资源危机。

12 亿人用水短缺，30 亿人缺乏用水卫生设施。现代医学研究表明，水污染是引发疾病甚至死亡的主要黑手，全球每天大约有 4 千名儿童因此而丧生。

认识水污染、防止水污染、治理水污染，已迫在眉睫。为了这颗独一无二的蓝色水球，为了人类的未来，我们已经没有退路。

一　揭开水污染的神秘面纱

这些对水体环境有害的东西叫“水体污染”物。
鱼的粪便也是水体污染物。

不对吗？
太没知识了！

什么是水污染呢？简单地说，就是水里添加了不该有的“佐料”，造成了水的使用价值降低或丧失。

往水体里添加“佐料”的主要有两位，一位是自然，一位是人类。前者造成了自然污染，后者则造成了人为污染。

自然添加的“佐料”，包括植物的落叶和落花、受暴雨冲刷流入水体的污泥、火山喷发的熔岩和火山灰、矿泉中的可溶性矿物质等。特殊的地质或自然条件使一些化学元素大量富集，天然植物腐烂中产生的某些有毒物质或生物病原体进入水体，都会污染水质。

如果这种“添加”是短期行为，就会引发水体环境的剧烈改变，造成水生生物死亡，但随着时间的推移，水体又会逐渐恢复原来的状态。

如果这种“添加”是长期行为，水体所在的生态系统就会随之发生变化，并最终适应这种状态，生活在其中的生物也会随之发生演化，适者生存。

以我们的母亲河黄河为例。黄河两岸长期水土流失，大量泥沙进入了水体，使得河水变黄、变浑浊。一些不适应这种环境的鱼类随之消失，而另一些对水质要求不高的鱼类，比如鲤鱼，则逐渐适应了这种环境，并演化出像黄河金色大鲤鱼这样更适应环境的新品种。

黄河两岸长期水土流失

人类添加的“佐料”则要复杂得多，既包括工业生产上因为采矿冶炼和生产制造所排出的有毒重金属和难分解的化学物质，也包括农业生产中所使用的农药和化肥残余，甚至还有日常生活中所产生的各种生活污水。

这些五花八门的“佐料”，排入水体后会造成污染。水污染一旦超出环境能承受的范围，就会危及生活在其中的生物，甚至造成环境退化。

人类往水里添加的“佐料”要复杂得多。

名词解释

环境退化 是指生态环境的恶化，包括像空气、水及土壤等资源的耗竭，生态系统的破坏以及野生动植物的灭绝。

这些对环境有危害的“佐料”就是水体污染物。

从化学角度来看，水体污染物可分为四类：

无机有害物

主要有砂、土等颗粒状的污染物。它们一般和有机颗粒性污染物混合在一起，统称为悬浮物或悬浮固体，使水变浑浊。此外，还有酸、碱、无机盐类物质和氮、磷等营养物质。

砂、土等颗粒状的污染物

无机有毒物

主要有无机非金属毒性物质如**氰化物（CN）、砷（As）**，金属毒性物质如**汞（Hg）、铬（Cr）、镉（Cd）、铜（Cu）、镍（Ni）等**。长期饮用被汞、铬、铅及非金属砷污染的水，会使人发生急、慢性中毒，甚至导致机体癌变，对健康的危害十分严重。

有机有害物

主要为日常生活和食品工业排放的污水中所含的**碳水化合物、蛋白质、脂肪等**。

有机有毒物

各种人工合成的有机物质，如农药 DDT、666 等；有机含氯化合物、醛、酮、酚、多氯联苯和芳香族氨基化合物、高分子聚合物（塑料、合成橡胶、人造纤维）、染料等。

有机污染物的分解和氧化须通过微生物的生化作用，所以要大量消耗水中的氧气，使水质变黑发臭，影响水中鱼类及其他水生生物的生存。

环境学家把环境污染物的来源称为污染源。水污染从污染源划分，可分为点污染源和面污染源。

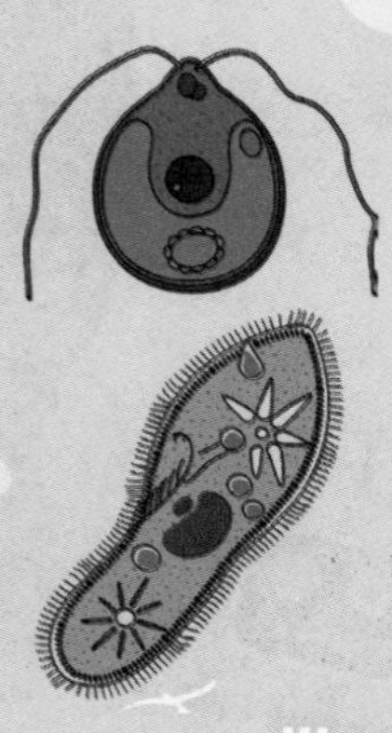

点源污染

面源污染

点源污染主要包括工业废水和城市生活污水污染，通常由固定的排污口集中排入江河湖泊；**面源污染**则主要由地表的土壤泥沙颗粒、氮磷等营养物质、农药等有害物质、秸秆农膜等固体废弃物、畜禽养殖粪便污水、水产养殖饵料药物、农村生活污水垃圾和各种大气颗粒物沉降等，通过地表径流、土壤侵蚀、农田排水等形式进入水体环境所造成。

更通俗一点说，能顺藤摸瓜查出罪魁祸首的，就是点源污染；查来查去还是无法找到源头的，就是面源污染。

相比之下，点源污染含污染物多，成分复杂，其变化规律依据工业废水和生活污水的排放规律；面源污染更分散、更隐蔽，不易监测、难以量化，研究和防控的难度更大。

“明明是你笨，鱼便便怎么会是水体污染物呢？”

“为什么不是，昨天邻居还为了狗便便吵架呢。”

“鱼便便跟狗便便怎么能一样？”

“不都是便便吗？”

“……”

忽然，一阵争吵声打断了作者君的思路。原来阿龙和小鱼儿竟然为鱼便便是不是污染物的问题，争吵起来了。

为了不让它们吵得不可开交，我们还是先解决鱼便便之争吧。

请问：你觉得鱼便便是水体污染物吗？

有人会不以为然地说："水中有鱼才是水质好的证明。鱼便便不但不是水体污染物，还是给鱼塘增加养分、促进水草生长的好东西呢。"

有人会一脸嫌弃地说："咦~~，便便好臭好脏，当然是污染物了。"

还有人会趁机爆料："鱼便便算什么污染物呀，我还看见养殖户往鱼塘里倒鸡便便、鸭便便呢。"

说养殖户会往鱼塘里倒便便的这位同学，观察得很仔细呢。鸡便便、鸭便便有肥水的功效，所以确实有水产养殖户喜欢把便便倒入鱼塘。不过用便便肥水是很有讲究的，必须经过充分发酵，还得杀灭杂菌和虫卵才行。未经发酵的便便含有很多病菌和虫卵，如果不加处理就倒入鱼塘，会招致鱼病，甚至会让鱼出现翻塘的惨剧。此外，即使便便有肥水的功效，也不能过量哦。

鱼便便也有肥水作用。健康的水塘有自净能力，所以不用担心鱼便便会污染水体。你答对了吗？

名词解释

肥水　即人为使水体富营养化，目的是增加浮游生物的数量，让池塘养殖的鱼类有足够的食物。

翻塘　指的是水塘内的生物，特别是鱼类发生上浮和翻肚子的现象。一般来说，鱼塘出现翻塘现象会导致鱼儿大量死亡，给养殖户造成重大损失。

水体是否存在水污染，水污染的程度如何，得用数据来说话。这便涉及两个关键数据，即化学需氧量（COD）和生化需氧量（BOD）了。通常情况下，COD值和BOD值是判断水体是否遭受污染，及污染程度如何的重要依据。

名词解释

化学需氧量（COD） 是以化学方法测量水样中需要被氧化的还原性物质的量，单位用 mg/L 表示。它反映了水中受还原性物质污染的程度。该指标也作为有机物相对含量的综合指标之一。

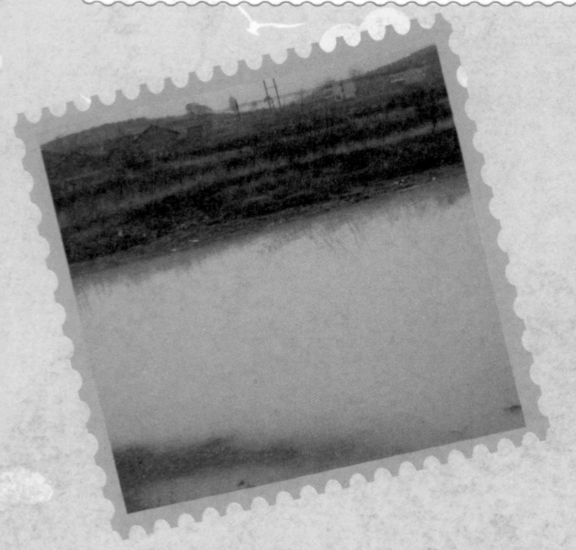

一般测量化学需氧量所用的氧化剂为高锰酸钾或重铬酸钾，使用不同的氧化剂得出的数值也不同，因此在记录 COD 值时，还需要注明检测方法。

COD 值高意味着水中含有大量还原性物质，其中主要是有机污染物。数值越高，就表示水中的有机物污染越严重。这些有机物污染的来源可能是农药、化工厂、有机肥料等。如果不积极进行处理，许多有机污染物就会被底泥吸附而沉积下来，对水生生物造成持久的毒害作用。如果水生生物因此大量死亡，江河中的生态系统即被摧毁。

人若以水中的生物为食，会大量吸收这些生物体内的毒素，积累在体内，这些毒物常有致癌、致畸形、致突变的作用，极其危险。如果用受污染的江水进行灌溉，那么农作物也会受到影响，容易生长不良。人吃了这些受污染的作物，会影响身体健康。

名词解释

生化需氧量（BOD） 反映水中有机物等需氧污染物质含量的一个综合指标，单位用 ppm 或 mg/L 表示。

BOD 一般指的是五日生化需氧量，即水样充满完全密闭的溶解氧瓶中，在 20℃的暗处培养 5 天，分别测定培养前后水样中溶解氧的浓度，由培养前后溶解氧的浓度之差，计算每升样品消耗的溶解氧量，表示为“BOD_5”。

生化需氧量（BOD）是一种环境监测指标，主要用于监测水体中有机物的污染状况。BOD 值越高说明水中有机污染物质越多，污染也就越严重。此外，COD 与 BOD 的比值还可以反映污水的生物降解能力。

一般有机物都可以被微生物所分解，但微生物分解水中的有机化合物时需要消耗氧，如果水中溶解氧的含量无法达到微生物分解有机物所需要的量，水体就会处于污染状态。所以BOD也是有关环保的指标。

你是不是也急于知道我国的水资源情况如何？水污染情况严重吗？水体污染物又是什么？……

别急，让权威部门来为我们解密吧。

~敲黑板、划重点~

根据《2018中国生态环境状况公报》，全国地表水监测的1 935个水质断面（点位）中，Ⅰ～Ⅲ类占71.0%，劣Ⅴ类占6.7%。

从流域看，西北诸河和西南诸河的水质为优，浙闽片河流、长江和珠江流域的水质良好，黄河、松花江和淮河流域为轻度污染，海河和辽河流域为中度污染。

111个重要湖泊（水库）中，Ⅰ类占6.3%，Ⅱ类占30.6%，Ⅲ类占29.7%，Ⅳ类占17.1%，Ⅴ类占8.1%，劣Ⅴ类占8.1%，主要污染指标为总磷、化学需氧量和高锰酸盐指数。

其中太湖为轻度污染，主要污染指标为总磷，Ⅲ类占5.9%，Ⅳ类占64.7%，Ⅴ类占29.4%；巢湖为中度污染，主要污染指标为总磷，Ⅳ类占50.0%，Ⅴ类占50.0%；滇池为轻度污染，主要污染指标为化学需氧量和总磷，Ⅳ类占60.0%，Ⅴ类占40.0%。

劣Ⅴ类水质

全国地下水10 168个监测点中，Ⅰ类水质监测点占1.9%、Ⅱ类占9.0%、Ⅲ类占2.9%、Ⅳ类占70.7%、Ⅴ类占15.5%。超标指标为锰、铁、浊度、总硬度、溶解性总固体、碘化物、氯化物、“三氮”（亚硝酸盐氮、硝酸盐氮和氨氮）和硫酸盐，个别监测点存在铅、锌、砷、汞、六价铬和镉等重（类）金属超标现象。

相关链接

《中华人民共和国地表水环境质量标准》依据地表水水域环境功能和保护目标，按功能高低依次将水质划分为五类：

Ⅰ、Ⅱ类水质可用于饮用水源一级保护区、珍稀水生生物栖息地、鱼虾类产卵场、仔稚幼鱼的索饵场等；

Ⅲ类水质可用于饮用水源二级保护区、鱼虾类越冬场、洄游通道、水产养殖区及游泳区；

Ⅳ类水质可用于一般工业用水和人体非直接接触的娱乐用水；

Ⅴ类水质可用于农业用水及一般景观用水；

劣Ⅴ类水质除调节局部气候外，几乎无使用功能。

二　买买买助长了水污染的嚣张气焰

那就多买点儿洗涤剂，把旧窗帘洗了。
洗涤剂能使进入水体的疏水有机污染物分散，给废水处理带来困难。

那我们从此不洗衣服，也不洗澡了！
真是的！使用环保的洗涤剂就行了呀。

夏日炎炎，挥汗如雨，物美价廉、舒适透气的T恤就成了大家的最爱。每个人都会买上好几件T恤换着穿。至于那些有需要要买、没需要也要买的买买买型时尚达人，则可能拥有一个甚至几个衣柜的T恤。

废水

买T恤时，你一定会挑款式、挑质地、挑颜色、挑图案……但你恐怕不会挑选生产过程中污水排放量最少的，更不会知道每生产一件T恤就会产生大约120公升废水。

一件T恤

T 恤大多采用针织面料制作，因其柔软吸汗，触感舒适。针织面料在织造过程中，由于经纱会受到较大张力和摩擦，因而容易发生断裂。

为了减少断经，提高织造效率和坯布质量，在织造前需要对经纱进行上浆处理。上浆的优点很明显：纱线会变得紧密和光滑，织造时不易断裂；缺点也很明显：影响坯布的染色效果。这对于买买买的主力——“好色如命”的时尚达人来说，是断然不可忍的。

纺织厂

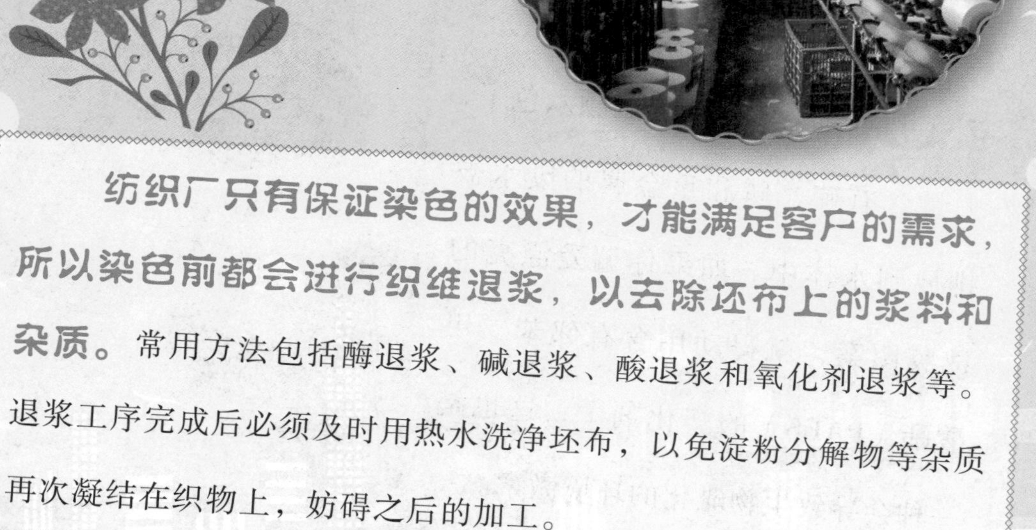

纺织厂只有保证染色的效果，才能满足客户的需求，所以染色前都会进行织维退浆，以去除坯布上的浆料和杂质。常用方法包括酶退浆、碱退浆、酸退浆和氧化剂退浆等。退浆工序完成后必须及时用热水洗净坯布，以免淀粉分解物等杂质再次凝结在织物上，妨碍之后的加工。

清洗工序会用到可能含有壬基酚（NP）的清洁剂。

壬基酚（NP）是一种环境激素，会造成生物雌性化。去除织物中的杂质，需要进行精炼和漂白，这两道工序会排出大量盐碱和含氟的漂白剂。

漂白是去除织物中杂质的一道重要工序

织维退浆和清洗都完成后，就正式进入印染工序了。这道工序是废水排放最多的一道工序。随着T恤变得五颜六色了，大量含有硫、磷和重金属的废水被排放到水体中。如果你偏爱漂亮的烫胶图案，就得动用含有邻苯二甲酸酯（PAES）的塑化剂了，这也是一种会导致生物雌化的环境激素。

为了确保消费者购买时，T恤仍有光鲜亮丽的外表，还需要对它进行防污处理。这就需要用到一种叫全氟辛烷磺酸盐（PFOS）的防污处理剂。该防污处理剂因为同时具备疏油、疏水等特性，深受纺织品、皮革制品、家具和地毯等行业的喜爱，不过它跟壬基酚（NP）、邻苯二甲酸酯（PAES）一样，都属于环境激素，会造成生物雌化，影响种族繁衍。

人迹罕至的北极

三者相比，全氟辛烷磺酸盐（PFOS）更为强大，它具有强大的抗降解性、持久性和高度生物累积性，因而危害更大。

更糟糕的是，这家伙还懂凌波微步，具有远距离传输的能力。目前全世界范围内被调查的地下水、地表水和海水，包括人迹罕至的北极地区，从生态环境样品到野生动物甚至人类体内都发现了全氟辛烷磺酸盐（PFOS）的踪迹。

挺住，你别晕呀，坏消息还在后头呢！

相关链接

服装污染日益严重

阿玛尼等知名品牌被曝有毒

2012年4月，国际环保组织绿色和平在全球29个国家和地区购买了141件服装样品，品牌涉及Armani(阿玛尼)、Victoria's Secret(维多利亚的秘密)等国际大牌和凡客诚品等国内品牌，种类包含男装、女装和童装，款式包括牛仔、裤子、T恤、连衣裙和内衣等，其中大多数产品是在发展中国家生产的。

在这些样品中，有89件被检测出环境激素壬基酚聚氧乙烯醚，占到总样品数的2/3，并几乎涉及全部品牌，其浓度远远高于2011年绿色和平对于运动品牌服装的检测结果；31件带有胶印图案的样品中有4件样品被检测出高浓度的环境激素邻苯二甲酸酯；两条牛仔裤被检测出了能分解出致癌芳香胺的偶氮染料。在中国生产的34件样品中，有毒有害物质的检出率高达70%。

检测结果表明，这些表面光鲜亮丽的时尚品牌在生产过程中添加了大量有毒有害物质。消费者购买这些产品不仅让自己受到有毒有害物质的威胁，也加重了服装生产国的水污染问题。

~敲黑板、划重点~

残留在服装上的污染物只是冰山一角，生产过程中排放出的大量废水才是污染关键所在。废水中所含有的有毒有害污染物不仅会污染水体，还会通过食物链在生物体内富集，并最终威胁人类自身的健康。

现在再看我们衣柜中的那些漂亮的T恤，

心里是不是多了一些对环境的内疚感呢？

各种各样的T恤

如果把轻薄的T恤换成牛仔裤和大衣等厚实的衣物，再想想它们背后惊人的废水排放量，**是不是有一种不寒而栗的感觉？**

女神节、6•18、双11……

满200减10、满300减20、满1 000减200……

当我们再次面对各种名目繁多、纷繁复杂的购物节，以及让人眼花缭乱、规则复杂的优惠券时，是不是就会多一些抵抗力了呢？

买、买、买

你说自己要剁手，以后再不买新衣服了。只是家里的旧衣服放久了，多少有点泛黄，所以打算多放点洗衣液，好让旧衣服焕发第二春。

Stop！我很不想打击你为减少水污染作贡献的积极性，不过你真的确定洗涤剂不会造成水污染吗？

人类从 1954 年开始生产和使用合成洗涤剂。到如今洗涤剂已进入千家万户，成为我们不可或缺的日常用品。**为满足人们对洗涤产品的需要，全世界每年生产的合成洗涤剂约 1 300 多万吨。**当你来到超市的洗涤产品区时，能看到各种品牌、各种功效的洗涤产品堆满了货架，足以让有选择恐惧症的人无所适从。

起初洗涤剂用烷基苯磺酸钠 (ABS) 来作为表面活性剂。由于该物质不易降解，在环境中存留时间较长，后来又改用更易降解的**直链烷基苯磺酸钠 (LAS)**。这二者都有苯核，不能完全分解。此外，为了增强洗涤效果，这两种洗涤剂都要用磷酸盐作为增净剂。

如今洗涤剂已进入千家万户

~敲黑板、划重点~

现在很多人都知道，磷酸盐排入水体会造成富营养化，所以会优先使用无磷洗涤剂。不过很少人知道，洗涤剂能使进入水体的石油产品、多氯联苯等疏水有机污染物乳化而分散，给废水处理带来困难。

此外，不仅洗涤剂产生的泡沫会对污水处理厂的设备运行有影响，其在废水中的含量达到一定浓度后，也会对生物处理中的发酵过程产生不良影响。

废水处理

唠叨了这么多，并不是要让大家重新回到使用皂荚、草木灰的旧时代，而是希望在选择洗涤产品时，**能够优先选择那些对环境友好的环保产品。**

什么，你说以后再也不洗衣服了？（咳咳，这个嘛，作者君真心不建议）你决定以后不买衣服，改买书了。

但你真的确定，买书比买衣服更环保吗？

真相很残酷，其实造纸业和纺织业一样，都是制造水污染的大户。

现代造纸工业使用木材、稻草、麦秸、玉米杆、甘蔗渣、芦苇、麻和竹子等原料，**生产工艺主要包括制浆和造纸两道工序。**

水污染

所谓制浆，就是往原料中加入石灰或烧碱等进行蒸煮，或用机械将原料打碎、研磨，再通过洗涤去除杂质，保留纤维，制成浆料。现代人对于纸质要求很高，所以制成的浆料还需要进行漂白。制浆完成后，就进入了造纸工序。经过捞纸、脱水、干燥和整理后，浆料就变成了大家熟悉的纸。

生产过程中，会排出大量废水。造纸业排出的废水成分很复杂，如果未经有效处理就排入江河中，就会造成生态灾难。

废水

受污染的水从稀土冶炼工厂喷出

悬浮于水中的细小纤维，会堵塞鱼鳃；原料残屑中的有机物质，在发酵和分解中会大量消耗水中的氧气，导致鱼虾贝等水生生物因缺氧而死；不易发酵和分解的物质则会悬浮在水中，阻碍阳光射入，影响水生植物的光合作用；酸、碱和漂白剂等物质排放后，也会危害环境，增加水生生物致癌、致畸和致突变的危险。

你说从此以后不买纸书，改用手机阅读了。不过因为最近手机有点卡，为了有更好的阅读体验，决定先换部新手机。

就算你从此以后真的不买纸书，与纸的“孽缘”也已经无法割裂：上厕所要用厕纸、擦嘴要用面巾纸、外出要带手帕纸、吸油要用吸油纸、厨房会有厨房纸……承认吧，我们已经离不开各种各样功能性的纸，并且乐在其中了。

至于你说的换新手机的事嘛，等听了“牛奶沟”的故事再考虑吧。

富阳的“牛奶沟”

相关链接

“牛奶沟”是怎样形成的

2016年初，富阳环保局接到群众举报，说百丈畈工业区附近发现了一条乳白色的“牛奶沟”。一般来说，水污染往往代表着水质变黑变浑浊。这条独树一帜的“牛奶沟”到底是怎么来的呢？

经过一番调查后，真相终于浮出了水面。原来，“勾兑”出“牛奶”的“奶粉”来自工业区内的一家电子有限公司。这家企业生产手机屏幕时，需要用稀土抛光粉加水打磨镜面。稀土不溶于水，所以该公司就用污水沉淀池来处理废水。

之所以会出现“牛奶沟”，是因为污水沉淀池没达到100%的沉淀要求。“漏网”的稀土被排放到水沟后，就“勾兑”出了“牛奶”。

用稀土抛光粉打磨镜面，只是手机生产中极小的一道工序。据统计，手机不仅是全球最畅销和生产数量最多的电子产品，也是更换频率最高的电子产品。大量废旧手机已对环境产生了极大危害，成为电子时代的公害。

解开了“牛奶沟”的秘密，再说说“彩虹河”的秘密吧。它们都是污染物排入水体后造成的，因污染物的成分不同而呈现出不同颜色。新鲜的城市污水一般是暗灰色，进行厌氧生物处理后，颜色变深呈黑褐色；工业废水的颜色多种多样，造纸废水一般为黑色，酒糟废水为黄褐色，电镀废水则为蓝绿色。

生产过程中排放出的大量废水

废水的颜色取决于水中溶解性物质、悬浮物或胶体物质的含量。水体浑浊度超过10度时，肉眼可明显看到水质浑浊，这一般是由于水体中泥土、有机物、浮游生物和微生物增加而引起的。

红色的水可能是受到了铁、锰污染

~ 敲黑板、划重点 ~

一秒钟识别水污染真相之观色

清洁的水是无色的，一旦呈现出颜色就说明受到了污染。

淡黄色：可能含铁量超标；

黑色：可能受严重的锰污染；

绿色：可能含藻类和水生物；

灰白色：可能含大量腐殖质和粘土颗粒；

红色：可能受铁、锰污染，或含被氧化的铁细菌、藻类；

草绿色：可能有硫化氯；

浅蓝绿色：可能含氧化亚铁、铜。

你爆料家里的自来水被污染，居然呈乳白色。

别担心，这不是污染，而是空气在作怪。自来水在高压密闭的管道中输送时，管道中的空气会因为高压而溶入水中。自来水从水龙头里流出时，水中的空气会瞬间被释放，从而形成无数微小的气泡，让人产生水是乳白色的错觉。只要放置片刻，自来水就会变回澄清了。

◎ 一秒钟识别水污染真相之闻味 ◎

清洁的水是无味的，一旦出现异味就说明受到了污染。

芳香臭：可能藻硅类等浮游生物大量繁殖；

类似黄瓜腐烂的臭味：可能藻硅类等浮游生物大量繁殖；

金属臭：可能铜锌管道老化或铁管生锈；

腐臭：可能下水道破损，污水流入。

友情提醒：水污染的情况往往比较复杂，污染物常常不是单一的，呈现状态也多种多样，最终结果还请以实验室数据为准。

三　谁杀死了墨西哥湾的鱼？

?
就是因为这些
水草太茂盛了，
鱼才会死。

这么说，
鱼是“淹死”的！
死亡的水草沉入湖
底，细菌分解这些
死亡的水草，把氧
气都耗光了。

你追过网剧《白夜追凶》吗？是不是觉得很不过瘾，恨不得能亲自上阵捉拿凶手呢？作者君手头恰巧有个凶杀案，你正好可以大显身手。

墨西哥湾气候温和、饵料丰富，是著名的渔业产地和旅游胜地。早在20世纪50年代，当地渔民就开始抱怨夏季鱼虾产量锐减。而随着时间的推移，这种情况愈发严重了，甚至还出现了鱼类大规模死亡现象。

聪明的你，能帮忙找到这个危险的杀手吗？

墨西哥湾鱼类大量死亡

你觉得“墨西哥湾”这个地名很耳熟，似乎跟什么原油泄露有关。

对，墨西哥湾就是2010年海上原油泄漏事件的发生地。

相关链接

墨西哥湾原油泄漏事件

2010年4月20日夜间，位于墨西哥湾的“深水地平线”钻井平台发生爆炸并引发大火，最终沉没海中。海下探测器探查显示，位于海面下1 525米处的受损油井出现了漏油现象。这是人类历史上首次发生的，超过500米以上深海的原油泄漏。据专家估计，每天的漏油量大约在12 000桶到19 000桶之间。由于封堵工作进行并不顺利，漏油的油井直到7月15日才被彻底封堵住。该事故对海洋生态系统造成了严重危害。

从生态保护的角度来看，这次漏油事件发生的地点没法更糟糕了：南边，是濒危的大西洋蓝鳍金枪鱼和抹香鲸产卵和繁衍生息的地方；北边，自东向西分别是美国佛罗里达州、亚拉巴马州、密西西比州、路易斯安那州和得克萨斯州的珊瑚礁和渔场。

“深水地平线”
钻井平台发生爆炸

更糟的是，事故发生时是大西洋蓝鳍金枪鱼、海鸟和海龟等海洋动物的繁殖期。我们以海龟为例，来说明情况的严重性。在此之前海龟的数量一直很稳定，从未出现过剧烈下降。事发当年，定居肯普的瑞德里海龟筑窝量下降了 40%，2011 年海龟数量虽然有所回升，但在 2012 年再次下降，并达到十年来的最低。

被污染的海水

1989 年阿拉斯加港湾漏油事件中，瓦尔迪兹号油轮触礁，导致 1 100 万加仑原油泄漏。该事件在当时被认为是最严重的海洋生态灾难，所造成的海洋生态破坏至今仍没有完全恢复。

2010年墨西哥湾漏油事件是比它更严重的海洋生态灾难，因为深海油井漏油比海面漏油的危害更大，也更隐蔽。

海面与深海的压力、温度有很大不同，因此大量原油喷涌并向上漂浮的过程中，会呈现一种“羽毛”状逐步分散的形态，并以油团或油、水、气混合物的形式，在海底、海水中和海面上流动、凝固或分散漂浮。上升过程中一旦遇到洋流，它们很可能随之漂出墨西哥湾，甚至漂向世界的其他大洋。这种变化非常隐蔽，从海面上根本看不出来。

泄漏的原油会随着洋流四处扩散

~敲黑板、划重点~

生活在海水不同层面的海洋生物，彼此既独立又相互构成食物链。如果某一层的海洋生物死亡，就会造成食物链上层的许多生物难以生存。深海漏油事件的可怕之处就在于，能直接破坏海水不同层面的生态环境，并导致无数海洋生物遭到扼杀。

如果我没猜错的话，你一定在怀疑是原油泄漏导致了墨西哥湾的鱼类大规模死亡。**真聪明，跟科学家想到一处去了。**

墨西哥湾的浅海大陆架蕴藏大量的石油和天然气。从20世纪40年代起，人们就打油井开采这些资源了。当鱼类大规模死亡发生后，科学家认为这可能跟原油泄漏所导致的水污染有关。

调查后发现，墨西哥湾鱼类死亡事件有一定季节性，即只出现在暮春盛夏，秋冬季节很少见。原油泄露自然不可能随季节变化，所以“鱼类被原油泄漏所谋杀”的推论不成立，侦破工作陷入停滞。

1979年，美国莱斯大学的沃德教授曾公开宣称，墨西哥湾地区存在大规模缺氧窒息区，这些鱼类和其他海洋生物都是被“淹死”的。一石激起千层浪，大家纷纷质疑他的调查结果。

相关链接

鱼类真的会淹死吗?

生活在水中的鱼类通过鱼鳃来摄入氧气。一旦水中的溶解氧含量太低，鱼鳃无法吸收氧气，鱼类就会窒息而死。这就是鱼儿被“淹死”的原因。

从1985年起，在美国国家海洋和大气管理局（NOAA）的资助下，路易斯安那州立大学的南希·拉尔莱教授开展了有关墨西哥湾地区缺氧窒息区的调查。

每年夏天，科研人员都会乘坐轮船进入墨西哥湾，在不同的采样点采集海水样品，并根据获得的监测数据制作当年的缺氧窒息区范围图。他们发现，一旦水中溶解氧含量低于 2 mg/L，鱼类和虾类等海洋生物就会出现缺氧窒息。

2002年，南希·拉尔莱教授发表了论文，论述了墨西哥湾缺氧窒息区的成因、规律、发展史以及对海洋生态系统的影响，**认为导致墨西哥湾出现缺氧窒息区的主要原因是海水分层和富营养化。**

调查显示，从1985年—2014年这30年间，墨西哥湾缺氧窒息区的平均面积达13 650平方公里之多，比一个天津市还大。缺氧窒息区面积最大的年份是2002年，面积约为2 2000 平方公里。在大规模缺氧窒息区里，鱼虾绝迹，贝类罕至。

蓝鳍金枪鱼

原来，墨西哥湾的淡水主要来自密西西比河。夏季时河水不仅水量充沛，而且水温较高，流入海洋后与原先的海水就会产生密度差。

密西西比河

此时风浪较小，湾内海水很少上下流动，这就形成了下层海水与上层淡水的分层现象。因为垂直分层明显，底层的海水得不到氧气补给，溶解氧含量便较低。

密西西比河的河水中富含氮和磷两种元素。这导致墨西哥湾的藻类疯狂生长，形成了“水华”和“赤潮”。藻类死亡后残骸沉入海底，养活了大量底层分解者。暴增的底层分解者很快便会将海底仅剩不多的氧气消耗殆尽。

由于海水垂直分层造成了氧气补给不足，底层分解者又消耗了过多的氧气，底层海水最终形成“缺氧区”。随着藻类残骸越来越多，底层缺氧区逐渐扩大并向上延伸，最后蔓延到海水上层。当整个区域的溶解氧含量锐减，就会出现大规模的缺氧窒息区。

如果缺氧窒息区形成得较慢，鱼类还有机会逃离到安全地带；如果缺氧窒息区形成较快且涉及范围较广，鱼类来不及逃离，就会因为缺氧“溺亡”。

这就是墨西哥湾鱼类大规模死亡的真相，你猜对了吗？

那么，海水垂直分层和富营养化究竟谁才是罪魁祸首呢？聪明的科学家用一道逻辑证明题，解开了这个谜团。

海水垂直分层缘于墨西哥湾的特殊地理构造和气候条件，相对来说存在时间较长；而海水富营养化则是20世纪50年代才频繁出现的。

如果能证明海水富营养化出现前，墨西哥湾就一直存在缺氧窒息区，那么真凶就是海水垂直分层；反之，真凶就是海水富营养化。

这道题的答案是“海水富营养化才是制造缺氧窒息区的元凶”。至此，该案件的罪魁祸首终于被缉拿归案。

美国在中部大平原地区大力发展农业，
导致了墨西哥湾频繁出现海水富营养化

20世纪50年代究竟发生了什么，竟导致了墨西哥湾频繁出现海水富营养化？答案很出人意料，是大力发展农业生产的结果。

美国农业生产

进入20世纪后，美国在中部大平原地区大力发展农业生产。随之而来的是化肥农药的广泛应用、农业排水设施的建设、湿地沼泽的开垦，以及人口增长所导致的污水排放量增多。

高强度的农业生产导致大量无机营养盐随着奔腾的河水排入海洋。美国地质勘探局（USGS）曾做过一项调查，发现墨西哥湾的农业污染物排放量中，70%以上的氮、磷来自农业生产，其中粮食作物生产贡献了66%的氮和43%的磷，牧草生产贡献了5%的氮和37%的磷。

水体富营养化，就是在人类活动的影响下，氮、磷等营养物质大量进入湖泊、河流和海湾等缓流水体，引发藻类迅速繁殖，出现水华（淡水）或赤潮（海水）现象。

名词解释

水华　淡水水体中藻类大量繁殖的一种自然生态现象，是水体富营养化的一种特征。由于蓝藻、绿藻和硅藻等大量繁殖，水体呈现蓝色或绿色。

赤潮　又称“红潮”，是海水中某些浮游植物、原生动物或细菌爆发性增殖或高度聚集，而引起水体变色的一种有害生态现象。由于引发赤潮的生物种类和数量的不同，赤潮并不一定都是红色，有时也呈现黄、绿、褐色等不同颜色。

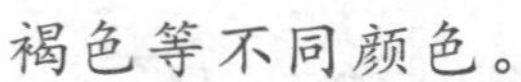

由于工业废水和生活污水的不当排放，有机垃圾和家畜家禽粪便的随意丢弃，以及化肥农药的滥用，水体富营养化已经成为了一种普遍存在的生态顽疾。在中国，太湖、滇池、巢湖和洪泽湖均不同程度出现了以**蓝藻**为主体的水华现象；长江最大的支流汉江也无法幸免，在汉口江段出现了以**硅藻**为主体的水华现象。

水华和赤潮都会导致水体溶解氧量下降，造成水质恶化，引发鱼类及其他生物大量死亡。

相比之下，水华更为难缠。因为大多淡水藻类所形成的水华是有害的，有的会产生异味物质，有的会产生毒素，其中又以蓝藻水华危害最大。

蓝藻水华多发生在6—9月，有明显的季节性，受温度、阳光、营养物质的影响。它不仅会产生异味，其代谢所产生的微囊藻毒素还会通过干扰人体脂肪代谢方式，引起非酒精性脂肪肝。长期的慢性染毒会导致肝脏损伤，甚至引发癌症。此外，微囊藻毒素还会引起胆囊变硬与萎缩。

相关链接

太湖蓝藻爆发事件

2007 年 5 月 29 日开始，江苏省无锡市城区的大批市民家中自来水水质突然发生变化，并伴有难闻的气味，无法正常饮用。

原来，无锡市民所饮用的自来水水源地在太湖。入夏以来，连续高温且降水量少，导致太湖水位出现 50 年以来的最低值，加重了太湖水的富营养化，进而引发太湖蓝藻的大规模暴发。

水源地附近的蓝藻大量堆积，厌氧分解过程中产生了大量的氨气、硫醇、硫醚以及硫化氢等异味物质，使得自来水出现异味。由于生活用水和饮用水均严重短缺，无锡市民只能购买纯净水应急。

还记得小书虫鱼塘里的鱼死了的事吗?

由于水体富营养化，蓝藻水华暴发，鱼塘里的鱼就因为缺氧被“淹死”了。导致水体富营养化的，就是龙哥往田里施的那些便便。

养殖的奶牛

近年来，由于畜牧业的规模养殖迅速崛起，牲畜粪便所造成的**农业污染**也呈现加重的趋势。据调查，养殖一头猪产生的污水相当于 7 个人产生的生活废水，而养殖一头牛产生的污水超过 22 个人产生的生活废水。如果这些污水处理不当，就会造成水污染。

此外，许多大中型畜禽养殖场由于缺乏**环保意识**，将粪便倒入河流或随意堆放。这些粪便进入水体或渗入浅层地下水后，会大量消耗氧气，使水中的其他微生物无法存活，造成严重的有机污染。

四　夺命的重金属水污染

我们要保护水资源，
远离金属污染。
不是“金属污染”，
是“重金属污染”。

到底得多重才能算
“重金属”呀？
……

重金属之所以被称为重金属，自然是因为它们重。

密度在 4.5 g/cm3 以上的金属，被称为重金属。原子序数从 23(钒) 至 92(铀) 的 60 种天然金属元素中，有 54 种密度都大于 4.5 g/cm3，因此这 54 种金属都属于重金属。

不过在元素分类时，它们有的被划入稀土金属，有的被划入难熔金属，最终在工业上真正被划入**重金属**的只有 10 种，即**铜、铅、锌、锡、镍、钴、锑、汞、镉和铋。**而从环境污染的角度来看，重金属主要指的是汞、镉、铅、铬和类金属砷等生物毒性显著的重元素。

严重的重金属污染让土地呈现各种“色彩”

从地球诞生之日起，重金属就广泛存在于自然界中。进入现代工业社会后，由于人类对重金属的开采冶炼、加工制造等活动增多，使得不少重金属进入了大气、水体和土壤中，引起严重的环境污染。

由于重金属的毒性大，不仅难以被微生物分解，还会被微生物吸收，并通过食物链在生物体内富集，因此重金属污染已成为危害最大的环境污染，其中当然也包括它对水体的污染。

2017年，环保组织发现河南新乡凤泉区大块镇工业聚集区周边麦田的小麦重金属镉超标

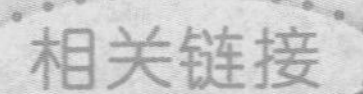

神秘的水俣病事件

位于日本熊本县水俣市西面的八代海，是一个被九州岛和天草诸岛环绕的内海，是日本著名的渔场，海产富饶。水俣湾是鱼类的产卵地，即使大量捕捞也仍有鱼群滚滚涌来，因而被称为“鱼涌海”。

1956年，水俣湾附近出现了怪病。这种怪病最早出现在猫身上。得病后的猫步态不稳、身体抽搐，有的甚至跳海死去，被称为“自杀猫”。“自杀猫”蹒跚走动的模样很像跳舞，因而这种怪病也被称为“猫舞蹈症”。

不久后，猫舞蹈症蔓延到当地居民的身上。病人轻则手足变形、步履蹒跚、口齿不清，重则

生活在水俣湾的渔民

感觉丧失、神经失常，或酣睡、或兴奋、或高叫，身体痉挛弯折，直至死亡。由于这种怪病当时只出现在水俣湾附近，所以被称为“水俣病”。

起初人们认为水俣病是一种当地独有的传染病，会通过食物和空气进行传播。因此当地居民饱受歧视，连公交车路过时都要把门窗关得紧紧的，生怕病毒会进去。后来当地政府委托熊本大学医学部进行调查，才发现水俣病不是什么传染病，而是慢性汞中毒。

原来在当地有一家日本窒素（“窒素”在日语中是氮的意思）肥料株式会社，从 1932 年开始生产作为醋酸和氯乙烯等原料的乙醛，生产过程中需要使用氯化汞和硫酸汞作催化物，而含有汞的废水就被直接排进了水俣湾。氯化汞和硫酸汞的毒性虽然不强，但经过海底淤泥中某种细菌的作用，就会变成毒性强烈的甲基汞。甲基汞通过生物浓缩被吸收到浮游生物中，又通过食物链逐渐富集到贝类和鱼类体内。

水俣市平原面积狭小，稻米种植不多，所以鱼类和贝类是当地人的主要食物。当地人食用了受污染的贝类和鱼类后，剧毒的甲基汞就在体内各处积累，造成脑神经细胞不可逆地受损。更可怕的是，就连母体中的胎儿也会出现脑部发育不全和脑神经细胞受破坏的症状。

水俣病是由于工业废水排放污染而造成的第一起公害病。截至 2012 年，水俣病的患者已达 2 273 人，其中 1 582 人死亡。

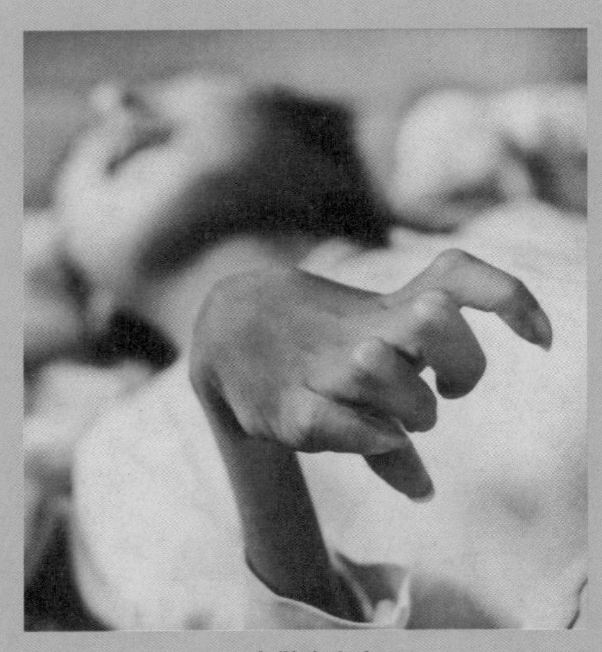

水俣病患者

日本的氮产业始创于 1906 年，之后由于化学肥料的大量使用而获得飞速发展。除了化肥生产，氮还广泛用于肥皂等日用品以及醋酸、硫酸等工业用品的制造上。因此，当时日本经济的成长被认为是在以氮为首的化学工业的支撑下完成的。

汞珠经常被用来制作温度计

神秘的水俣病就是在环保意识缺乏的背景下，飞速发展的日本氮化学工业对当地环境所造成的伤害。据统计，从 1932 年开始生产到 1968 年彻底停产，36 年间日本室素肥料株式会社向水俣湾排放了含有 70~150 吨汞的废水，并由此产生了更多含汞的海底淤泥，以及大量被汞污染的鱼类。

为了不让遭受污染的鱼类游到外海去，熊本县于 1974 年在水俣湾设置了隔离网，并开始捕捞受污染的鱼类。截至 1997 年拆除隔离网时，23 年间共捕捞了 487 吨鱼。

为了清除甲基汞的持续危害，水俣湾从 1977 年开始了清除海底受污染淤泥的填埋工程。14 年后填埋工程才终于完工，其间共打捞了约 151 万立方米淤泥，花费约 485 亿日元，可谓代价剧大。

汞珠

镉块

~ 敲黑板、划重点 ~

随着工农业的发展，汞的用途越来越广，不再局限于氮化学工业。氯碱工业、塑料工业，还有电子电池工业所产生的废水中都含有大量的汞元素。在自然环境中，任何形式的汞都可在一定条件下转化为剧毒甲基汞。

无独有偶，1955 年日本神通川沿岸的村庄也出现了一种神秘怪病。起初人们只在劳作后感觉腰、背、膝等关节处疼痛，休息或洗澡后就会好转。几年后，疼痛遍及全身，连喘气也感到疼痛难忍。患者全身骨骼软化，出现严重畸形，哪怕轻微活动甚至咳嗽都会造成骨折，最终在疼痛中悲惨死去。由于患者整日喊疼，所以这种怪病就被叫作“痛痛病”。

一番调查后，怀疑的目光聚集在三井金属矿业公司身上。这家公司在神通川上游拥有一个铅锌矿。为粉碎矿石和去除杂质，需要进行洗矿操作。这个铅锌矿的伴生物是镉，所以洗矿废水中含有大量的镉。含镉废水直接被排入神通川，河水就这样被污染了。

受污染的河水常年灌溉着两岸的稻田，镉就在稻米中富集起来。当地人吃着被镉污染的大米，喝着被镉污染的河水，镉就在体内富集起来。重金属镉不仅会损害肾脏，还会导致人体骨骼中的钙大量流失，造成严重的骨质疏松，最终导致骨软化。

痛痛病就是慢性镉中毒，造成这一切的源头就是随意排放到神通川里的洗矿废水。这种让人痛苦万分的病，至今尚无特效疗方。

日本富山县的痛痛病是世界上最早发生的镉中毒事件，却不是唯一的镉污染水体事件。即使时隔 60 多年，镉污染的阴影也不曾离我们远去。

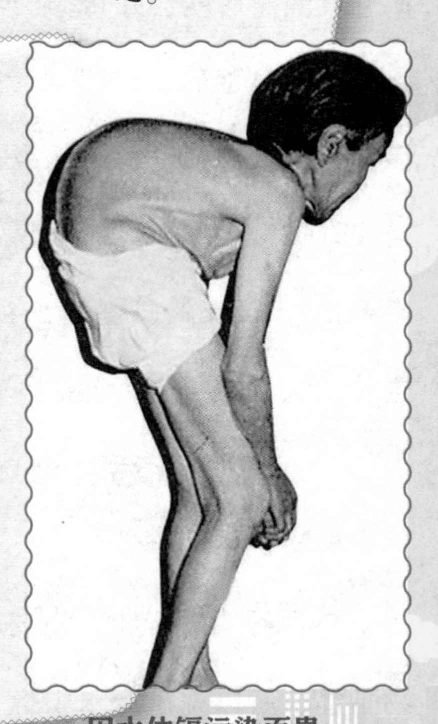

因水体镉污染而患痛痛病的日本民众

相关链接

2012年广西龙江镉污染事件

2012年1月15日，广西宜州市龙江拉浪水电站内网箱养鱼出现了少量死鱼现象。接到举报后，河池市环保局立即对水体进行检测。检测结果显示，龙江拉浪码头前200米水体中的镉含量超过《地表水环境质量标准》Ⅲ类标准约80倍。

龙江是柳江的最大支流，在柳州市柳城县内汇入柳江。柳江则是柳州市饮用水主要来源。龙江的镉超标事件，可能会危及柳州自来水的安全。当地政府立即启动了紧急预案，一场保卫龙江防治镉污染的行动就此展开。

龙江地区有色金属储量丰富，镉作为提炼铟时的伴生物出现，并存在于废水和废渣中。镉属于对人体有害的重金属，长期接触会对肾功能造成损害。调查发现，此次镉污染源主要为河池市鸿泉立德粉材料厂和广西金河矿业股份有限公司冶化厂利用溶洞排放的废液。当地环保部门使用弱碱性化学沉淀应急除镉技术，及时投放氢氧化钠或石灰，以及聚合氯化铝，絮凝沉降镉离子。

由于有关部门处置及时、措施得当，2012龙江镉污染事件并未对公众健康造成影响。2月23日，突发环境事件应急响应解除。然而，并非每次重金属水污染都能顺利找到源头并得到解决。

位于孟加拉国首都达卡附近的小镇哈扎里巴格，是被铁匠研究所和瑞士绿十字组织列为**地球上污染最严重**的五个地区之一。该国270家注册的制革厂中约90%都集中在这里。

它们每天要向城市的主要河流和供水地排放大量有毒废物，其中也包括可致癌的六价铬。

由于人们日常取水的池塘和河流中含有大量污染物质和致命病原体，大约30年前，国际援助机构开始帮助孟加拉国政府在各处打井，鼓励人们使用地下水。然而从20世纪90年代中期起，常年饮用井水的居民手脚生出肿块，身患癌症，特别是患肺癌的人越来越多。**调查后才发现，原来水井所处的地下浅水层富含高浓度的砷。**流行病学家表示，饮用含砷的井水对身体**造成的危害就像吸烟一样严重。**

不过，并非所有水系都遭到了砷污染，所以科学家一直试图破解这个谜团，然而至今仍没有找到令人信服的答案。孟加拉国数百万人口每天仍在饮用有毒的地下水。

现代工业社会中，矿产冶炼、机械制造、化工电子、仪器仪表等工业生产过程中都会排出含重金属的废水。**这些废水如果排放不达标，必然会造成水体重金属污染。**

工业生产过程中排出含重金属的废水

由于废水中的重金属一般不能分解，即使每家企业都达标排放了，也可能因为积累作用，在江河水体枯水期出现突发性重金属污染。

相关企业在生产过程中，会有含重金属成分的烟尘和粉尘散落在厂区的屋面、地面和道路上，并随着地面冲洗水、初期雨水进入雨水沟道，再从雨水排水系统排入江河水体。这也是造成水体污染的重要原因。

相关链接

重金属危害一览表

汞（Hg）：主要危害人体的中枢神经系统，使脑部受损，引起四肢麻木、运动失调、视野变窄、听力困难等症状，重者可因心力衰竭而致死。汞经过甲基化后成为甲基汞，毒性比汞更大。

镉（Cd）：可在人体中积累引起急、慢性中毒。急性中毒可使人呕吐、腹痛，严重者出现肺水肿和心力衰竭；慢性中毒会使肾功能损伤，肺功能减退，致使骨痛、骨质软化，甚至瘫痪。

铬（Cr）：可在肝、肾、肺积聚，对皮肤、黏膜、消化道有刺激性和腐蚀性。

铅（Pb）：可对神经、呼吸系统和肾脏造成危害，损害骨骼造血系统，引起贫血、脑缺氧和脑水肿，出现运动和感觉异常。

类金属砷（As）：有积累性毒性作用，会破坏人体细胞的代谢系统。慢性中毒可引起皮肤病变，以及神经系统、消化系统和心血管系统障碍。

五　拯救水资源大作战

我想给河流也
装个净水器。
不是已经
装上了吗？

棒棒哒！

党的十九大报告指出，建设生态文明是中华民族永续发展的千年大计。要坚持人与自然和谐共生，必须树立和践行**“绿水青山就是金山银山”**的理念。

水是生态系统的控制性要素，也是最活跃的控制性要素。人类活动影响了水循环的时空分布，而水时空分布的改变则胁迫生态系统退化，反过来又威胁到了人类的生存和可持续发展。

为了让我们的未来更美好，我们必须正视水污染的严峻现实，积极展开拯救水资源大作战。

什么，你说自己对此持悲观态度？总觉得世界已经被水污染所包围，人类再也无路可逃。你甚至连自来水都不敢喝，改喝饮料了。

作者君表示，饮料虽然好喝，但含糖量实在很高呢，你真的确定自己不怕胖吗？（作者君被拍飞，化作流星消失在天际）

好吧，胖不胖的事儿私底下上秤解决，我们聊一聊泰晤士河成功治理的案例，给你增加一些自信心吧。

相关链接

“大难不死”的泰晤士河

横贯英国的泰晤士河是英国的母亲河。随着工业革命的兴起和两岸人口的激增，曾经清澈的泰晤士河水质严重恶化。1878 年，“爱丽丝公子”号游船在泰晤士河不幸沉没，造成 640 人遇难的惨剧。更让人揪心的是，事后调查发现，大多数遇难者并非死于溺水，而是因为河水污染严重中毒而亡。

有资料表明，到了 20 世纪 50 年代末，泰晤士河的污染进一步恶化，水中含氧量几乎为零，这意味着几乎没有生物能在水中存活。

鉴于严峻的现实，20 世纪 60 年代初，英国政府下决心全面治理泰晤士河，通过立法，对往泰晤士河排放工业废水和生活污水的行为做了严格规定。此外，还重建和延长了伦敦下水道，建设了 450 多座污水处理厂。沿岸居民产生的生活污水必须经过污水处理厂处理，才能排入泰晤士河。污水处理费用则计入居民的自来水费中。

1983年8月31日，一位伦敦的垂钓者因为在泰晤士河中钓到了一条鲑鱼，获得了泰晤士河水务管理局所颁发的银杯和190英镑的支票。当时英国媒体争相报道此事，认为这条鲑鱼标志着死寂了150多年的泰晤士河再次恢复了生机。事实上，经过20多年的整治后，泰晤士河已有115种鱼和350种无脊椎动物回归。

治理前

治理后

名词解释

污水处理厂 又称“污水处理站”。从污染源排出的污（废）水，因含污染物总量或浓度较高，达不到排放标准要求，必须经过人工强化处理。这个专门处理污水的场所，就是污水处理厂了。

~敲黑板、划重点~

一般来说，污水处理包含以下三级处理。

一级处理是物理处理，通过格栅、沉淀或气浮，去除污水中所含的石块、砂石和脂肪、油脂等。

二级处理是生物化学处理，利用微生物，使污水中的污染物降解，并转化为污泥。

三级处理是污水的深度处理，包括营养物的去除和通过加氯、紫外辐射或臭氧技术对污水进行消毒。

一般情况下，污水经过以上三级处理，就能符合排放标准了。

中国建立污水处理厂的历史虽然较晚，建设力度却很大。截至2017年年底，已累计建成污水处理厂8 591座，其中城市建成2 209座，县城建成1 572座，全国建制镇建成4 810座。**可以预见，有了这些高效运转的污水处理厂，未来的河流一定会越来越清澈。**

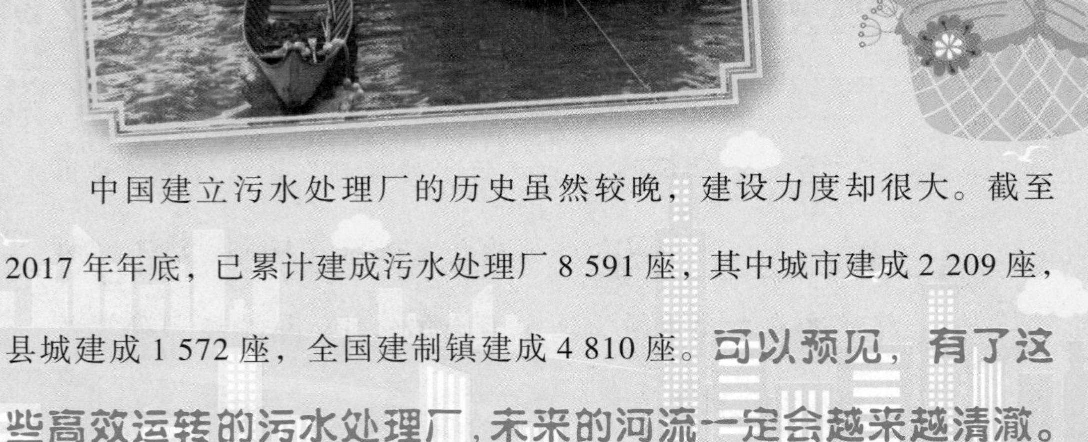

此外，中国目前正积极探索河湖管理的创新，从 2016 年起全面推行了“河长制”，2019 年初全国已全面建立“湖长制”，给江河湖海配备专门的污染防治责任人。

河长和湖长就像班集体的小组长。如果你像作者君这样，有过被小组长催交作业的惨痛经历，就知道这个“长”有多么厉害了。

当然，只是“治”还不够，还必须防患于未然。这就需要我们从源头着手，通过技术改良、产业升级，改变污水无序排放的现状，实现污水减量排放、无害排放。

闻名全国的“造纸之乡”富阳，用了多年时间进行产业升级，实现了污染物全面减排的目标，为中国式的水污染治理提供了宝贵的经验。

污水处理厂

相关链接

十年行业整治，富春江清流还复来

“京都状元富阳纸，十件元书考进士。”富阳自古以来就是闻名全国的造纸之乡。20世纪90年代，富阳造纸业生产规模呈几何级增长，成为“中国白板纸基地”。鼎盛时期的富阳，有近500家工厂、10万从业者，造纸业税收占当地财政总收入的半壁江山，而繁荣的背后，却是造纸业污染排放量占当地工业排放总量近九成的事实。

GDP高歌猛进的背后，却是曾经“奇山异水，天下独绝。水皆缥碧，千丈见底。游鱼细石，直视无碍”的富春山水日渐黯然失色的现状：在造纸业最大的集聚区春江街道，空气中弥漫着刺鼻的气味，造纸厂旁的小溪臭水黏稠如粥；拥有40多家造纸厂的大源镇，溪水变黑发臭，鱼虾绝迹，沿岸的村庄一到夏天就弥漫着恶臭。

为了改变这种现状，富阳从2005年开始启动造纸行业

整治计划，十年来历经六轮关停。截至2015年年底，当地的造纸企业从460家缩减到125家，累计关停生产线近400条；废水排放量在2010年基础上下降41.9%；COD排放量下降48.3%。

现在，富阳的造纸企业已全部进入造纸工业园，统一实行刷卡排污。在工业园区中控室的大屏幕上，时刻显示着造纸企业每天的排污情况，一旦出现超标，系统就会强制企业停产。未来，富阳还将继续产业升级之路，将造纸企业总数控制在50家左右。工业园区将被打造为循环经济示范区，从废纸、纸浆到成品、废料的处理，都要循环化、生态化和减量化，把对环境的影响降到最低。

2015年底，杭州富阳区环保局交出了当年富春江水质断面考核全部优秀的成绩。这也是十年来的首次。一江清水穿城而过，两岸青山流翠，如今的富春江再现了六百多年前富春山居图的情景。

大家都知道，治理水污染的关键点是找到污染源。就工业污染来说，找到了污染源就能强制关停，从源头遏制污染继续。不过要从众多生产企业中准确找出真凶，难度还真不小。

现在，请你伸出双手，摊开掌心。

请问，你看到了什么？

没错，就是指纹。每个人的指纹都是独一无二的，所以警察用指纹来锁定嫌犯，老板用指纹打卡来确保员工准时上下班，你用指纹打开自己的家门，……

看到这里，你也许会感慨：如果水污染也能有指纹可循就好了。

水污染还真有指纹可循呢。下面，我们隆重推出高科技“神探”——水污染预警溯源仪，说说水质指纹那点事儿。

水污染预警溯源仪是由清华大学自主研发，用于快速识别水污染排放源的高科技仪器。它采用了水质指纹预警溯源技术，即将刑侦中用指纹快速查找嫌疑犯的思路引入水污染溯源中，通过建立不同水体、污染源和化学品的三维荧光指纹图谱，并通过指纹图谱的不断监测和比对，来实现对水体水质变化的预警以及污染来源的快速查找。

从2009年开始，苏州环境监测站就与水污染预警溯源仪的发明团队合作，在国家和地方多项资金支持下，开始验证荧光指纹溯源预警技术在水体监测中应用的可行性。监测站根据苏州产业分布特点，建立了相应的荧光指纹数据库，并根据实际情况，选择色氨酸作为标准物质来验证仪器运行的稳定性，并以0.45微米过滤作为仪器的预处理方式。

清华大学水污染预警溯源仪

清华大学水污染预警溯源仪获
日内瓦国际发明博览会特别嘉许金奖

为保证太湖水位，苏州每年会在固定时间段将长江水引进入太湖。在这期间，可以看见太湖水的荧光强度有明显增强，且与氨氮变化趋势一致。这说明此水污染预警溯源仪确实能很好地预警太湖水质的变化。该技术已在多地推广，取得了较好的效果。

截至目前，水质指纹预警溯源技术已建立了包含 13 个大类、152 种污染源的指纹库，29 个国家或地区、244 个水体的指纹库，以及近 350 种化合物的指纹库。2017 年，该技术获得了第 45 届日内瓦国际发明博览会评审团特别嘉许金奖。

高科技让水污染真凶无路可逃

2017年年初，深圳市环境监测中心在某工业园区的排污口安装了水污染预警溯源仪。该工业园区内有22家电镀企业，长期存在各企业排放口均不超标、园区排污口却经常超标的问题。为此，环保部门专门为其建立了水质指纹库。

当年3月，系统显示在该工业园区的污水干管上识别到有污水排放，溯源为某公司污水，但该厂污水排放口却显示达标。执法人员在企业院内开挖，发现了疑似偷排管道，后经实验室得到验证：经水质指纹比对相似度达98.4%。最后该企业被吊销排污许可证，并被处罚1 239万元，成为深圳首例千万元环保罚单。

同年4月，系统再次发出警示，排污口水质指纹存在异常，并提示与某企业污染的相似度为84%~100%。执法人员迅速对该企业进行了重点监管，经现场采样实验室分析，发现该企业污水的pH、悬浮物、总磷和总锌均超标排放。

水质指纹预警溯源技术将以往执法过程中“发现—普查—执法”的模式变成“发现—精准调查—快速执法”，大大提升了执法效率，降低了水污染危害，让水污染真凶无路可逃。

啥，你觉得科技感是够了，但是脑洞还不够大？

这你就孤陋寡闻了，在治理水污染时还真有不少脑洞大开的奇妙之举呢。更奇妙的是，它们还真的有效果哩。

废水处理

◎脑洞之一：以“盐”换“盐”◎

美国华盛顿州西部的长湖，一直被水体富营养化所困扰。1980 年 10 月，人们决定往湖中投加铝盐，用以沉淀湖中的磷酸盐。4 年后，湖水中的磷浓度从原来的 65 ug/L 下降到 30 ug/L，水质有了较明显的改善。

原理解析：该脑洞是利用化学反应，使所添加的物质与水体中的磷酸盐生成不溶或难溶于水的沉淀物，继而沉降下来。除了铝盐，也可以用铁盐或钙盐。

◎脑洞之二：组建大型水生植物“战队”◎

利用凤眼莲、芦苇、狭叶香蒲、加拿大海罗地、多穗尾藻、丽藻和破铜钱等水生植物，组建大型水生植物污水处理系统，专治湖泊水体富营养化。“战队”的具体名单，将由当地气候条件和污染物的性质共同决定。每支“战队”均以大型水生植物为主体，植物和根区微生物共生，协同作战，共同治污。

原理解析：通过水生植物直接吸收、微生物转化、物理吸附和沉降作用，除去氮、磷和悬浮颗粒。此方法对重金属分子也有一定降解效果。

◎脑洞之三：给河道人工增氧◎

在上海苏州河综合整治工程中，国内第一艘河道曝气复氧船闪亮登场。这座专门给苏州河河道充氧的流动“制氧车间”，每小时可制氧、充氧150标准立方米，提高了水体溶解氧含量，起到逐渐修复河道生态系统的作用。

原理解析：既然水污染会导致水生生物因缺氧而死，那为什么不能给河道人工增氧呢？这就是中国式的朴素观念——缺啥补啥。

◎脑洞之四：把蓝藻卖到美国去◎

通过机械打捞，清除湖泊中的蓝藻，并通过藻水分离技术将经过处理的蓝藻生产成有机肥和可降解的生物塑料，还可以用于沼气发电。该脑洞由中科院水生生物研究所提供，德林海环保科技股份有限公司执行。目前该公司已在滇池、太湖、巢湖和三峡库区等地建设了15座藻水分离站，并已成功将处理后的太湖蓝藻卖到美国去制造生物塑料。

原理解析：太湖污染物中氮和磷的排放量极高，因此太湖蓝藻的蛋白含量可达到30%～40%，适合制造生物塑料。关键点是把蓝藻的含水量降到10%以下。